Sitzungsberichte

der

Heidelberger Akademie der Wissenschaften

Stiftung Heinrich Lanz

Mathematisch-naturwissenschaftliche Klasse

* *Im Verlag von Carl Winters Universitätsbuchhandlung in Heidelberg erschienen:*

Abteilung A. Mathematisch-physikalische Wissenschaften.

Jahrgang 1921.

1. Franzen, H. Über die chem. Bestandteile grüner Pflanzen. 12. Mitteilung: Über die flüchtigen Bestandteile der Eichenblätter.
2. Königsberger, L. Über partielle Differentialgleichungen erster Ordnung.
3. Heffter, L., und W. Stollenwerk. Über Scharen gleichberechtigter Koordinatensysteme. Mit 3 Textabbildungen.
4. Perron, Oskar. Über die Approximation irrationaler Zahlen durch rationale. I.
5. Liebmann, Heinrich. Der geometrische Aufbau der Bäcklundschen Transformation.
6. Eisenhut, O. Über Kathodenstrahlintensitätsmessung durch feste Kondensatoren.
7. Königsberger, Leo. Über vollständige Integrale partieller Differentialgleichungen erster Ordnung.
8. Perron, Oskar. Über die Approximation irrationaler Zahlen durch rationale. II.
9. Liebmann, Heinrich. Flächen mit einer vorgeschriebenen Schar geodätischer Parallelkurven.
10. Baldus, Richard. Über die Flächen, welche die Strahlen eines Bündels unter festem Winkel schneiden.
11. Königsberger, Leo. Die Erweiterung des Helmholtzschen Princips von der verborgenen Bewegung und den unvollständigen Problemen auf kinetische Potentiale beliebiger Ordnung.

Abteilung B. Biologische Wissenschaften.

Jahrgang 1921.

1. Kossel, A. Über die Beziehungen der Biochemie zu den morphologischen Wissenschaften.

PREISE WERDEN AUF ANFRAGE MITGETEILT

---

* Bestellungen auf solche Veröffentlichungen der math.-naturw. Klasse, welche früher im Verlag von Carl Winters Universitätsbuchhandlung in Heidelberg erschienen sind nimmt auch der Verlag Walter de Gruyter & Co., Berlin, entgegen.

Sitzungsberichte
der Heidelberger Akademie der Wissenschaften
Stiftung Heinrich Lanz
Mathematisch-naturwissenschaftliche Klasse
Jahrgang 1925. 12. Abhandlung.

Altersbestimmungen an Drachenbäumen von Tenerife.

Von

A. Pütter
in Heidelberg.

Vorgetragen in der Sitzung vom 14. November 1925.

Berlin und Leipzig 1925
Walter de Gruyter & Co.
vormals G. J. Göschen'sche Verlagshandlung / J. Guttentag, Verlagsbuchhandlung / Georg Reimer / Karl J. Trübner / Veit & Comp.

Altersbestimmungen an Drachenbäumen von Tenerife.

In der Lehre von der individuellen Lebensdauer spielen die Drachenbäume der Kanarischen Inseln seit langer Zeit eine bedeutende Rolle. Auf Grund eines Ausspruches ALEXANDER VON HUMBOLDTS gilt der Drago von Villa Orotava, den er 1799 sah und der 1867 vernichtet wurde, als das älteste Pflanzenindividuum, das unsere Erde getragen hat. Der Baum soll 6000 Jahre alt gewesen sein. Die Entstehung dieser Angabe ist wissenschaftsgeschichtlich recht lehrreich. HUMBOLDT war 30 Jahre alt, als er bei Antritt seiner großen Reise nach Südamerika sechs Tage auf der glücklichen Insel verbrachte. Die Fülle der Eindrücke, die er dort empfing, schildert er auf 156 Seiten.[1]) Der Glanzpunkt war die Besteigung des Pico de Teide.

In Villa Orotava, im Garten des Herrn Franqui sah er ein damals weitberühmtes mächtiges Exemplar eines Drachenbaumes (Dracaena draco).

Er schreibt darüber:

l. c. p. 169: „Man versichert, daß der Stamm dieses Baumes, der in mehreren sehr alten Dokumenten als die Grenzscheide eines Feldes erwähnt wird, schon im 15. Jahrhundert eben so ungeheuer war, als heut zu Tage. Seine Höhe schien uns 50 bis 60 Fuß zu betragen; sein Umfang in der Nähe der Wurzeln beträgt 45 Fuß. Wir konnten ihn nicht höher oben messen, aber Sir GEORGES STAUNTON fand, daß, 10 Fuß über dem Boden, der Durchmesser des Stammes noch 12 englische Fuß beträgt, und sehr gut mit der Versicherung von BORDA übereinstimmt, welcher die mittlere Dicke 33 Fuß 8 Zoll fand. Der Stamm teilt sich in eine große Menge von Ästen, welche sich in der Form eines Candelabers erheben, und sich mit Büscheln von Blättern endigen. . . .

„Unter den organisirten Wesen ist dieser Baum, nebst der Adansonie oder dem Boabab vom Senegal, einer der ältesten Bewohner unserer Erdkugel. Die Boababs übertreffen übrigens noch die Stärke des Drachenbaums von Villa Orotava. Man kennt deren, welche nahe an der Wurzel 34 Fuß Durchmesser haben, ungeachtet ihre ganze Höhe nur 50 bis 60 Fuß beträgt. Aber man muß bemerken, daß die Adansonien . . . viel schneller wachsen als der Drachenbaum, dessen

[1]) HUMBOLDT-BONPLANDT: Reise in die Äquinoctialgegenden des neuen Kontinents. Deutsche Ausgabe. Erster Teil. Stuttgart und Tübingen 1815.

Vegetation sehr langsam ist. Der im Garten des Hrn. Franqui trägt noch alle Jahre Blumen und Früchte."

Die Angabe, daß der Baum 6000 Jahre alt sei, findet sich in der Reisebeschreibung nicht.

In Anmerkung 12 zu den „Ideen zu einer Physiognomik der Gewächse"[1]) spricht Humboldt nochmals über den Baum und sagt:

„Die Sage geht, daß dieser Drachenbaum von den Guanchen verehrt wurde, und daß er 1402, bei der ersten Expedition, der Bethincourts, schon so dick und so hohl als jetzt gefunden ward."

Weiter bemerkt Humboldt, daß die Abbildung, die er von dem Drago gibt, sich auf eine unveröffentlichte Zeichnung von Borda aus dem Jahre 1771 stützt, und daß die oben erwähnte Messung Bordas auch aus diesem Jahre stamme. Er berichtet weiter, daß am 21. Juli 1819 ein Sturm die eine Seite der Krone abgebrochen habe. Eine Zahlenangabe über das Alter macht er auch hier nicht. Er gibt an, daß Adanson und Perottet das Alter des von ihnen gemessenen Boababs auf 5160 bis 6000 Jahre schätzen und da er in der Reisebeschreibung dem Drago ein viel höheres Alter zuschreibt als einem Boabab von gleicher Dicke, so ist vielleicht die landläufige Anschauung nicht ganz unrichtig, nach der Humboldt das Alter des Drago von Villa Orotava auf 6000 Jahre geschätzt habe.

Daß im Jahre 1402 Bethincourt nur nach Lanzarote und Fuerteventura gekommen ist, und erst mehr als 90 Jahre später Europäer das Tal von Taoro betreten haben, sei nur nebenbei erwähnt. Daß der Baum den Guanchen heilig gewesen sei, erklärt Humboldt hier als Sage. Die bedeutende Dicke des Stammes konnte für ihn nur unter der Bedingung ein Hinweis für ein sehr hohes Alter des Baumes sein, wenn die Annahme eines sehr langsamen Wachstums berechtigt war. Auch diese Annahme stützt sich bei Humboldt sicher auf mündliche Angaben. Auch heute gilt der Drago in Tenerife als sehr langsamwächsig. Die Angabe, daß der Baum schon am Ende des 15. Jahrhunderts „eben so" gewaltig gewesen sei, wie 300 Jahre später, ist natürlich nicht wörtlich zu nehmen, doch hat sie Humboldt offenbar so verstanden, daß der Baum dem Augenschein nach in diesen 300 Jahren nicht gewachsen sei. War das richtig, dann konnte eine Schätzung des Alters wohl auf Jahrtausende führen.

Im wesentlichen sind es also die Angaben des Volksmundes, die Humboldt aufgenommen und durch seine Autorität kanonisiert hat. Von solchen Angaben ist nirgends viel zu halten und auf den Kanaren

[1]) Ansichten der Natur. Zweiter Band. Stuttgart und Augsburg 1860.

besonders wenig, denn die Bewohner dieser glücklichen Inseln haben noch heute kaum eine irgendwie zutreffende Vorstellung von längeren Zeitspannen.

Soweit HUMBOLDTs Angabe sich auf die Aussagen der Insulaner stützt, kann ihr keinerlei Gewicht beigemessen werden. Es muß vielmehr versucht werden, auf naturwissenschaftlichem Wege das Alter der Drachenbäume im allgemeinen, das des Drago von Villa Orotava im besonderen zu ermitteln.

Zwei Methoden kommen hierfür in Betracht, eine ganz allgemeine und eine, die an besondere Eigentümlichkeiten der Drachenbäume anknüpft.

Allgemein kann man ein Urteil über das Alter eines Baumes dadurch gewinnen, daß man ihn in gewissen — genügend langen — Abständen mißt und daraus die Geschwindigkeit des Zuwachses ermittelt. Unter der Annahme, daß der Zuwachs in der Jugend nicht stärker sei als im Alter, läßt sich dann — zwar nicht das wirkliche Alter, aber — ein Maximalalter angeben.

Die zweite Methode knüpft an die Eigentümlichkeit der Drachenbäume in bezug auf Blüte und Längenwachstum an.

Sobald ein Sproß blüht, stellt er sein Längenwachstum ein, da mit der absterbenden Blüte der apicale Vegetationspunkt abstirbt. Es brechen unter diesem Vegetationspunkt Äste in verschiedener Zahl (2 bis 12) hervor, die abermals nach der Blüte ihr Wachstum einstellen und sich verzweigen. Man kann also an dem Baum jederzeit feststellen, wie viele Blüteperioden er gehabt hat. Wenn für die Zeit zwischen zwei Blüten einigermaßen feste Zahlenangaben gemacht werden können, so kann man auf diesem Wege abermals zu einer leidlich begründeten Altersschätzung gelangen.

Die Angaben in der Literatur, die für eine dieser Methoden verwendbar wären, sind recht spärlich.

CHRIST[1]) ist wohl der erste, der den Glauben an das besonders langsame Wachstum der Drachenbäume erschüttert hat. Er stellte fest, daß der Drago von Icod im Jahre 1884 einen Umfang hatte, der 2,2 m größer war, als SCHACHT 1857 gemessen hatte. „Diese bedeutende Differenz bestätigt nur die schon durch die jungen Dragos in den Gärten von S. Cruz und des Puerto gewonnene Ansicht, daß der Baum in wenigen Jahren ungemein an Umfang zunimmt und daß man das Alter jener Kolosse überschätzt hat.“

---

[1]) D. W. CHRIST Vegetation und Flora der Canarischen Inseln. Botanische Jahrbücher. Bd. 6. 1885. S. 471.

H. SCHENK[1]) spricht sich wesentlich deutlicher aus. Er schätzt auf Grund der Dickenmessungen den Baum von Icod auf 143 Jahre, auf Grund der Annahme, daß er 30 Blüteperioden gehabt hätte (es sind jetzt erst 13!), auf 300 Jahre und nimmt danach etwa 200 Jahre als wahrscheinliches Alter an, womit er, wie wir sehen werden, vollkommen recht hat. Weder CHRISTS Zweifel noch SCHENKS Überlegungen haben den Glauben an das hohe Alter der Drachenbäume zerstört. KORSCHELT[2]) schreibt noch 1924 dem Baume von Villa Orotava die erwähnten 6000 Jahre zu.

Eine seltsame Argumentation über das Alter der Drachenbäume findet sich bei HANS MEYER.[3]) Er sagt über den Baum von Icod de los Vinos:

l. c. S. 111: „Der gewaltige, 60 m[4]) hohe Baum, der 3 m über dem Boden $12^1/_4$ m Umfang hat, ist am treffendsten, wenn auch nicht am geschmackvollsten, einem riesigen Blumenkohl zu vergleichen. . . . . Die plumpen, kurzen Äste verquirlen sich in steifen Verästelungen, an denen jede Gabelung einer Generation, d. h. einer Blütenperiode von ca. 12 Jahren, entspricht. Demnach läßt sich das Alter des Baumes annähernd berechnen, wenn man sich der Mühe unterzieht, die kaum übersehbar vielen Verästelungen zu zählen. An 2000 Jahre mögen dabei wohl herauskommen.“

Neben diese Beschreibung setzt MEYER die Abbildung eines Drago, so daß man glaubt, sie stelle den Baum von Icod dar. Es ist aber der Baum von Laguna. Das Mißverständnis in bezug auf die Altersberechnung liegt darin, daß MEYER für jede einzelne Verzweigung 12 Jahre rechnen will, während diese Zeit nur für eine ganze Serie von Verzweigungen in Betracht kommt. Der Baum von Icod mag damals 9 bis 11, also rund 10 Blüteperioden hinter sich gehabt haben. Es möge sich nach jeder Blüte jeder Ast in zwei Äste der nächsten Ordnung teilen, dann betrüge die Zahl der Blattrosetten bei 10 Blüteperioden $2^{10} = 1024$, die Zahl der einzelnen Teilungen also schon über 1000, und nach MEYERS Rechnung hätte der Baum dann 12 000 Jahre. Tatsächlich wäre ein Baum, der alle 12 Jahre blüht, nach 10 Blüten nur 120 Jahre alt.

Was bisher an Messungen vorliegt, die zur Bestimmung der Geschwindigkeit des Wachstums dienen können, ist wenig. Ich kenne nur folgende Angaben:

---

[1]) Beiträge zur Kenntnis der Vegetation der Canarischen Inseln. Ergeb. der Tiefsee-Expedition. Bd. 1. Teil 1. 1908.

[2]) Lebensdauer, Alter und Tod. Dritte Auflage. Jena 1924. S. 67.

[3]) HANS MEYER: Die Insel Tenerife. Leipzig. S. Hirzel. 1896.

[4]) Dies ist wohl ein lapsus calami, es muß statt 60 m etwa 20 m heißen.

1. Der Humboldt-Drago von Villa Orotava hatte „nahe dem Boden“ einen Umfang von
   1799: 45 Pariser Fuß = 14,6 m nach A. v. HUMBOLDT.[1])
   1843: 52 englische „ = 15,8 „ „ Mrs. MURRAY.[2])
   Zuwachs in 44 Jahren 1,2 m = 2,73 cm pro Jahr.
2. Der Baum vor dem Kirchhof von Realejo bajo hatte 1,2 m über dem Boden:
   1857: 4,37 m nach BUNBURY.[3])
   1925: 6,45 „ „ PÜTTER.
   Zuwachs in 68 Jahren 2,08 m = 3,05 cm pro Jahr.
3. Der große Baum von Icod de los Vinos, der vor einigen Jahren zum Nationalmonument erklärt worden ist (s. u.), hatte Umfang „nahe am Boden“:
   1857: 12,0 m nach SCHACHT.
   1881: 14,45 „ „ SAMLER BROWN.
   1889: 13,1 „ „ SIMONY.
   1925: 17,45 „[4]) „ PÜTTER.
   In 68 Jahren hat also der Umfang um 5,45 m zugenommen, d. h. jährlich um 8 cm.

Für die Zeit von 1857 bis 1881 ergibt sich ein jährlicher Zuwachs von 10,2 cm, für 1881 bis 1925 ein solcher von 6,8 cm.

Die Messung von SIMONY, die aus der Reihe herausfällt, ist wohl etwas höher über dem Boden ausgeführt als die früheren. Meine Messung gibt den Umfang zu klein, da der Boden um den Baum aufgehöht worden ist (s. u.). Es wäre ein Umfang von etwa 19 m zu erwarten gewesen, und den dürfte der Baum auch in der Tat an der Stelle der früheren Messungen haben, die jetzt im Boden liegt.

Der Baum von Icod ist auch in größerer Höhe über dem Boden gemessen. Der Umfang betrug:

1857:	2,80 m hoch	9,5 m	SCHACHT.
1884:	2,80 „ „	11,7 „	CHRIST.
1889:	2,80 „ „	11,72 „	SIMONY.
1894:	3,00? „ „	12,25 „	HANS MEYER.
1925:	2,00[5]) „ „	15,11 „	PÜTTER.

Die Messung von 1925 erfolgte in den Kerben, die die alten Meß-

---

[1]) l. c.

[2]) S. in A. SAMLER BROWN: Madeira, Canary Islands and Azores. 12. Auflage. 1922. S. l. 42.

[3]) Angabe bei SCHENK l. c.

[4]) 1,0 m über dem gegenwärtigen Boden (s. u.).

[5]) entspricht 2,80 m in früherer Zeit (s. u.).

stellen bezeichnen (s. u.). Danach hat der Umfang in 68 Jahren um 5,61 m zugenommen, d. h. jährlich um 8,3 cm.

Auf Grund dieser Zahlen können für die drei Bäume Maximalzahlen des Alters angegeben werden. Sie sind unter der Annahme zu berechnen, daß das Wachstum auch in den jüngeren Jahren nicht rascher gewesen sei, als später. Unter dieser Annahme hätte der Humboldt-Baum 575 Jahre gebraucht, um den Umfang von 1843 zu erreichen.

Diese Zahl ist aber viel zu hoch, denn in dem ganzen Zeitraum von 1799 bis 1843 war der Baum hohl und seit 1819 fehlte ein erheblicher Teil der Krone. Das Wachstum in dieser Zeit kann also nicht annähernd als normal angesehen werden und dementsprechend muß der Baum viel jünger gewesen sein.

Da der Baum von Icod „nahe dem Boden“ erheblich dicker ist, als der Baum von Villa Orotava war (17,45 m gegen 15,8 m), so liegt kein Grund vor, diesen für älter zu halten.

Der Baum von Realejo bajo würde bei der Geschwindigkeit des Wachstums, die er in den letzten 68 Jahren aufwies, höchstens 212 Jahre alt sein können.

Über diesen Baum liegt nun eine Altersangabe vor. SAMLER BROWN[1]) gibt an, daß er 1,2 m über dem Boden einen Umfang von 15 Fuß 8 Zoll d. h. 4,77 m habe, obgleich er weniger als 200 Jahre alt sei. Worauf sich diese Angabe stützt, ist mir unbekannt. Aus der angegebenen Größe des Umfanges ist zu schließen, daß sich die Messung auf das Jahr 1870 bezieht. Das wäre jetzt 55 Jahre her, aber auch heute wird er kaum das zweite Jahrhundert vollendet haben.

Das Alter des Baumes von Icod können wir einerseits aus den Messungen des größten Umfanges von 1857 und 1881 ableiten, andererseits aus den Umfangmessungen zwischen 1857 und 1925 in 2,8 m Höhe. Auf dem ersten Wege ergibt sich als Jahr der Anpflanzung 1739, auf dem zweiten 1742, also praktisch das gleiche Resultat. Das Maximalalter dieses größten aller Drachenbäume ist also 185 Jahre.

Ist durch diese Zahlen das Märchen von dem gewaltigen Alter der Drachenbäume wohl zerstört, so schien es mir doch wichtig, eine Anzahl von Bäumen verschiedenster Größe zu messen, damit nach etwa 20 oder 30 Jahren der Zuwachs festgestellt werden kann. Ich gebe die nötigen Angaben am Ende dieser Mitteilung.

Bei den Messungen sind die Fehlermöglichkeiten nicht ganz gering. Es wurde mit einer starken Schnur gemessen, die in der gewählten Höhe fest um den Baum gezogen wurde, wobei sie niemals überall fest anliegt,

---

[1]) l. c. l. 49.

sondern sich über Vertiefungen hinüberspannt. Die horizontale Lage der Schnur wurde kontrolliert, die Länge dann mit einem Meterstock gemessen. Besonders wichtig ist die Angabe, in welcher Höhe die Messung erfolgt ist. Da nun der Boden verändert werden kann (Aufhöhung oder Abtragung), habe ich stets gemessen, wie hoch z. Z. die Stelle der Aufteilung des Stammes in die ersten Äste liegt. Da dieser Punkt festliegt, können danach die Höhen über dem Boden kontrolliert werden.

Bevor ich die Angaben über die Dimensionen der Bäume mitteile, noch einiges über die Altersbestimmung nach der Zahl der Blüteperioden. Da jeder Sproß, der geblüht hat, sich teilt, kann von jedem Baum angegeben werden, wie viele Blüteperioden er hinter sich hat.

Die erste Blüte soll nach 8 oder 11 Jahren auftreten. SCHACHT sah einen 8jährigen Baum in Blüte, CHRIST einen 9jährigen. Ich habe neben zwei Bäumen, die im 11ten bzw. 12tenJahre geblüht hatten, einen Baum von 24 Jahren gesehen (s. u. Nr. 2), der noch nicht geblüht hatte, und einen von 25 Jahren, der gerade (August 1925) die erste Blüte trug (Nr. 5). Es ist also aus dem Mittelwert von 11 Jahren für eine Blüteperiode das Alter mit keiner befriedigenden Genauigkeit abzuleiten. Die späteren Blüten treten nicht gleichzeitig an allen Ästen auf. Ich sah in Laguna einen Baum, der sich nach der ersten Blüte in 12 Äste geteilt hatte und im September 1925 an nur einem dieser Äste eine Blüte trug. Bei den großen Bäumen kann man einen Mittelwert für die Länge der letzten Blüteperiode erhalten, wenn man feststellt, welcher Bruchteil aller Sprosse in einem Jahre blüht, und weiter ermittelt, ob der Baum jedes Jahr blüht, oder richtiger, wenn man einige Jahre hintereinander den Prozentsatz der blühenden Sprosse ermittelt. Wären die Drachenbäume sehr alt, so müßte das Blühen bei ihnen eine seltene Erscheinung sein. Ich sah den großen Baum von Laguna im September 1925 in voller Blüte. Da die oberen Teile der Krone nicht zu übersehen sind, konnte ich nicht für den ganzen Baum die Zahl der blühenden und nichtblühenden Sprosse feststellen, sondern mußte mich begnügen, die unteren Partieen der Krone auf dem größten Teil des Umfanges durchzuzählen. Auf 165 Blattrosetten zählte ich 50 Blüten. Es blühten also 30 % aller Sprosse. Die Verteilung war ungleich in den verschiedenen Richtungen. Der obere Teil der Krone, der nicht durchgezählt werden konnte, schien eher noch reichlicher zu blühen.

Am Baum von Icod sah ich eine beträchtliche Anzahl vertrockneter Blütenstände, die aus dem Vorjahre stammen müssen. Die anderen großen Bäume blühten nicht. Angeblich hatte der von Realejo bajo (Nr. 14) im Juni 1925 sehr reichlich auf der einen Seite geblüht, auf der anderen nicht, das wechsele ab; der andere Baum von Realejo (Nr. 13) hatte im vorigen Jahre angeblich reich geblüht, in diesem Jahr nicht. Beide Angaben sind mir zweifelhaft, weil ich keine vertrockneten Blütenstände sah, doch will ich die Möglichkeit nicht bestreiten, daß sie richtig sind. In Icod wurde die Angabe gemacht, daß der Baum Nr. 12 im Januar oder Februar geblüht hätte, was wohl auf Irrtum beruht.

Läßt sich auch aus diesen Angaben für keinen Baum die Länge der letzten Blüteperiode ableiten, so ist doch so viel sicher, daß bei den großen Bäumen das Blühen keineswegs ein seltenes Ereignis ist. Auch hieraus folgt also, daß sie nicht besonders alt sein können. In diesem Zusammenhang ist Humboldts Angabe bemerkenswert, daß der Baum von Villa Orotava noch alle Jahre Blüten und Früchte getragen habe. Auch sie beruht ja nur auf Angaben der Einwohner und ist dementsprechend sehr unsicher, sie zeigt aber jedenfalls, daß auch bei diesem angeblich so uralten Baum das Blühen keine seltene Erscheinung war. Was die Zahl der Blüteperioden anlangt, so muß man, um sie festzustellen, stets eine ganze Anzahl von Zählungen machen, da die einzelnen Äste nicht genau Schritt miteinander halten. Bei der Zählung ist darauf zu achten, daß die monopodialen Verzweigungen mitgezählt werden, die an den höheren Gliedern der alten Bäume nicht selten sind. Ich gebe im folgenden bei den einzelnen Bäumen die mittlere Zahl der Blüteperioden und die Höchstzahl, soweit sie den Mittelwert merklich übertrifft. Mehr als 13 Blüteperioden habe ich an keinem der untersuchten Bäume zählen können und wage zu behaupten, daß z. Z. auf Tenerife kein Baum zu finden ist, der diese Zahl übertrifft. Man kann aus dieser Angabe eine Altersschätzung ableiten.

Die beobachteten Extreme für die Dauer einer Blüteperiode sind 8 Jahre und 25 Jahre. Danach muß das Alter eines Baumes mit 13 Blüteperioden zwischen 104 und 325 Jahren liegen. Die Bäume, die besonders groß werden und besonders zahlreiche Blüteperioden durchgemacht haben, leben unter Bedingungen, die dem Wachstum und Blühen besonders günstig sind, es wird daher der mittlere zeitliche Abstand zwischen zwei Blütezeiten bei ihnen der unteren Grenze näher liegen, als der oberen. Für die beiden Bäume (Icod und Realejo bajo), für die wir eine Maximalzahl des Alters ableiten konnten, können wir auch angeben, wie lang höchstens die mittlere Dauer einer Blüteperiode sein kann. Es ergibt sich folgendes:

	Zahl der Blüteperioden	Alter Jahre	Dauer einer Blüteperiode
Baum von Realejo	9 bis 11	< 210	$< 19{,}1$ bis 23,3 Jahre
Baum von Icod	11 bis 13	< 185	$< 14{,}2$ bis 16,8 Jahre.

Die Zahlen liegen in dem Bereich, der nach den Beobachtungen über die

Dauer der ersten Blüteperiode zu erwarten war, und erhärten damit das Resultat, das wir aus den Beobachtungen über das Dickenwachstum ableiteten: die Drachenbäume sind recht jung.

Höchst lehrreich für die Beurteilung der gewaltigen Drachenbäume, die ausschließlich unter menschlicher Pflege gedeihen, ist ein Vergleich mit den wild wachsenden Bäumen. Von den drei Stellen, an denen der Drago auf Tenerife wächst, habe ich zwei besucht. Im Barranco del Infierno bei Adeje sah ich an fast senkrechten Felswänden weit über 100 Bäume verschiedener Größe. Leider sind die Standorte unzugänglich, so daß ich keinen messen konnte. Mehr als vier Blüteperioden konnte ich an keinem feststellen, vielleicht hatte einer fünf Perioden hinter sich und die Blüten, die er Ende September 1925 trug, stellten die sechste Periode dar, doch ist diese Angabe unsicher und möglicherweise um eine Periode zu hoch. Im Barranco Badajoz bei Guimar konnte ich mit Sicherheit fünf Blüteperioden an einem wilden Drago zählen. Die wilden Drachenbäume an der Felswand von Taganana habe ich nicht besucht. Im Barranco de Raya bei Guimar steht ein älterer Drago, in dessen Umgebung sehr zahlreiche ganz junge nnd einige etwas größere junge Bäume als natürliche Verjüngung wachsen. Als natürlicher Standort ist diese Stelle nicht anzusehen. Der Abhang des Barranco ist hier zu Terrassen ausgebaut, auf denen Pfirsich- und Erdbeerbäume gedeihen, so daß der Drago hier die Bedingungen findet, wie auf Kulturland. Dementsprechend ist auch der Habitus dieser Bäume genau der gleiche, wie bei den in Gärten wachsenden.[1]) Alle Bäume im B. del Infierno und B. Badajoz waren im Stamm wie in den Ästen viel schlanker als die kultivierten Bäume. Der groteske Anblick der dicken Drachenbäume mit ihren aufgetriebenen Gliedern höherer Ordnung beruht auf der Wirkung der günstigeren Vegetationsbedingungen, die die Gartenbäume gegenüber den Wildlingen genießen. In erster Linie scheint die bessere Wasserversorgung maßgebend. Es ist wohl kein Zufall, daß sich die berühmten Bäume nicht im wasserarmen Süden und auch nicht in der trockenen Küstenzone finden, sondern an Stellen mit reichlicheren Niederschlägen. Wenn der Drago auch eine typische Pflanze der Trockenschluchten ist, so liegt doch offenbar das Optimum seiner Wasserversorgung so hoch, daß es an den natürlichen Standorten nicht erreicht wird.

Besonders günstig scheint Laguna [600 m Meereshöhe] dem Gedeihen der Drachenbäume zu sein. Es ist dieses die Gegend, die mit 720 mm jährlicher Regenhöhe die meisten (gemessenen) Niederschläge auf der Insel hat. Von Villa Orotava, Realejo und Icod sind die Niederschlags-

[1]) Eine Abbildung des Baumes bei Salter: Mem. and Proceed. of the Manchester Lit. and Phil.-Soc. Vol. 62. 1918. Plate I.

mengen nicht bekannt, doch ist Villa reicher daran als Puerto Orotava, das 422 mm im Jahr hat. Realejo und Icod liegen fast in der gleichen Höhe wie Villa Orotava.

Die großen Drachenbäume verdanken ihre mächtige Entwicklung nicht einem besonders hohen Alter, sondern günstigen Vegetationsbedingungen, es sind Mastformen im Vergleich mit ihren wilden Brüdern. Von den großen lebenden Drachenbäumen ist keiner mehr als 200 Jahre alt. Für den Baum von Orotava, den Humboldt für uralt hielt, ist die Annahme eines höheren Alters nicht zwingend, ja höchst unwahrscheinlich, da er den größten jetzt lebenden Baum in keiner Dimension erreicht.

Zusammenstellung der gemessenen Drachenbäume.

I. Bäume, die noch nicht geblüht haben.

Nr. 1. im Garten des Hotel Martianez in Puerto Orotava. Im N. W. Teil des Gartens nördlich der Hauses. Kein anderer Drago in diesem Teil des Gartens. Das Bäumchen ist etwa 2 Jahre lang im Blumentopf gezogen und vor zwei Jahren d. h. 1923 in den Garten gepflanzt.

Gesamthöhe 71 cm, Stamm bis zur Blattkrone 38 cm, Blattkrone 33 cm hoch. Die Blattkrone besteht aus 7 entfalteten Blättern und den über dem Vegetationspunkt zusammengefalteten, von denen 4 zu erkennen sind.

Umfang des Stammes 28,5 cm gleichmäßig in allen Höhen.

Nr. 2. Im Innengarten des Hôtel Martianez. 24 Jahre alt.

Gesamthöhe bis zum Vegetationspunkt 5,20 m.
Gesamthöhe bis zur Spitze der Krone 5,95 m.
Höhe bis zum Beginn der Blattkrone: 5,08 m.

Umfang	1,0	m	über	dem	Boden	0,775 m
	1,5	,,	,,	,,	,,	0,850 m
	2,0	,,	,,	,,	,,	0,985 m
	3,28	,,	,,	,,	,,	1,205 m;

dieses ist der größte Umfang. Der Baum zeigt sehr regelmäßig angeordnete Verdickungen und Verdünnungen des Stammes, im ganzen 12 Anschwellungen.

Nr. 3. Grundstück „Sitio del pino“ am W. N. W. Fuß der Montaña Negra. Gegend S. Antonio bei Puerto Orotava.

Eingang in das Grundstück von der Fahrstraße aus, gleich am Eingang, rechts und links des Weges je ein kleiner Drachenbaum. Der rechte (westliche)

Höhe bis zum Vegetationspunkt 2,00 m.
Höhe bis zum Anfang der Blattkrone 1,51 m.
Umfang 1,0 m über dem Boden 1,04 m
„ 1,3 „ „ „ „ 1,12 m,
dieses ist der größte Umfang.

Nr. 4. Östlicher Baum, gegenüber dem Baum Nr. 3.
Höhe bis zum Vegetationspunkt 1,32 m.
Höhe bis zum Anfang der Blattkrone 0,90 m.
Umfang 0,73 m über dem Boden (größter Umfang) 0,944 m.

II. Bäume, die einmal geblüht, sich aber noch nicht verzweigt haben.

Nr. 5. Vor der Südseite der Pension Sunnyside, dem Hause des Herrn Stritter in Guimar. Der Baum ist 1900 als Keimling aus dem nahen Barranco de Raya geholt worden. Im ersten Jahr mehrfach umgesetzt. Seit 1901 an der gegenwärtigen Stelle, aber bis Dezember 1919 in einer engen Steineinfassung mit wenig Erde. Dann die Einfassung erweitert und der Fuß des Baumes mit Erde aufgehäuft, worauf das vorher sehr langsame Wachstum besser wird. Mitte August 1925 erscheint die erste Blüte.

Gesamthöhe 3,58 m, Höhe des Blätterstandes 1,77 m, die Kränze der frischen Blätter beginnen 1,81 über dem Boden.

Umfang 0,50 m über dem Boden 68,6 cm
1,0 „ „ „ „ 86,0 „
1,38 „ „ „ „ 96,0 „ ,
dieses ist der größte Umfang.

Nr. 6. Der südwestliche der vier jungen Bäume auf dem Platz vor dem „Instituto“ (früher Convento de San Agustin) in Laguna an der Calle S. Agustin. Die andern drei haben noch nicht geblüht, sind höher aufgeschossen und etwas dünner. Der Baum ist nach glaubhaften Angaben der Leute 12 oder 13 Jahre alt und hat vor kurzem geblüht. In dem dichten Blätterkopf sind die beiden Zentren der neuen Sprosse erkennbar, eine Teilung ist noch nicht erfolgt. Gesamthöhe 4 m. Größter Umfang liegt 1,90 m über dem Boden und beträgt 1,32 m.

III. Bäume, die einmal geblüht und sich verzweigt haben.

Nr. 7. Baum im Patio des „Instituto“ in Laguna. Es steht dort nur dieser eine Baum. Nach glaubhaften Angaben der Leute ist der Baum 14 Jahre alt und hat vor 3 Jahren, d. h. mit 11 Jahren, geblüht. Stamm 4 m hoch, erste Aufteilung in 8 Äste. Rand der Blätterkrone liegt 6 m hoch. In 1,50 m Höhe über dem Boden beträgt der Umfang 1,70 m.

IV. Bäume, die zwei- bis dreimal geblüht haben.

Nr. 8. Westlicher Baum auf dem Grundstück La Paz bei Puerto Orotava. Hinter der Mauer am Steilabfall zum Meer stehen zwei Drachenbäume, rechts und links des Hauptweges, der — mit Lebensbäumen eingefaßt — von dem Hause zum Steilabfall führt. Der westliche (linke) ist der kleinere, obgleich er wahrscheinlich ebenso alt ist, wie der größere östliche.

Die Blätterrosetten und letzten Glieder der Äste sehen kümmerlich aus. Der Baum steht auf nach Westen fallendem Boden. Als Nullpunkt wird der Boden an der Westseite des Baumes genommen. Drei Blüteperioden. Stamm 3,95 m hoch, erste Aufteilung in 7 Äste. Gesamthöhe 6,35 m.

Umfang	1,0 m unter der Teilung	= 2,95 m über dem Boden	1,45	m
	1,5 ,, ,, ,, ,,	= 2,45 ,, ,, ,, ,,	1,53	,,
	2,0 ,, ,, ,, ,,	= 1,95 ,, ,, ,, ,,	1,535	,,
	2,5 ,, ,, ,, ,,	= 1,45 ,, ,, ,, ,,	1,67	,,

V. Bäume, die vier- bis fünfmal geblüht haben.

Nr. 9. Östlicher Baum im Grundstück La Paz bei Puerto Orotava. Nähere Beschreibung der Stellung s. unter Nr. 8. Der Baum hat 4 bis 5 Blüteperioden durchgemacht. Stamm 2,60 m hoch, teilt sich in 7 Äste. Gesamthöhe 4,7 m.

Umfang	0,6 m unter der Teilung	= 2,0 m über dem Boden	1,81	m
	1,1 ,, ,, ,, ,,	= 1,5 ,, ,, ,, ,,	1,945	,,
	1,6 ,, ,, ,, ,,	= 1,0 ,, ,, ,, ,,	2,150	,,
	2,1 ,, ,, ,, ,,	= 0,5 ,, ,, ,, ,,	2,340	,,

Nr. 10. Baum in der Nähe (südwestlich) des mittleren Wasserbassins im Botanischen Garten bei Puerto Orotava. Der Baum soll 90 Jahre alt sein und hat nach Angabe des Direktors des botanischen Gartens innerhalb der letzten 17 Jahre nicht geblüht. Verzweigung sehr unregelmäßig an den einzelnen Ästen. Es kommen 4, 5 und 6fache Teilungen in den höheren Gliedern vor, daneben auch schon monopodiale Verzweigung. Stamm 3,2 m hoch, teilt sich in 6 Äste. Zahl der Blüteperioden 3 bis 5. Gesamthöhe 8 m. Umfang des Stammes:

1,2 m unter der Teilung	= 2,0 m über dem Boden	2,08	m
1,7 ,, ,, ,, ,,	= 1,5 ,, ,, ,, ,,	2,13	,,
2,2 ,, ,, ,, ,,	= 1,0 ,, ,, ,, ,,	2,16	,,

Nr. 11. Drago im Sitio del pardo (im Volksmund auch Sitio de litro genannt), dem großen Privatgarten gegenüber dem Hotel Martianez.

Der Baum liegt N. W. des Hauses im tieferen Teil des Gartens und steht frei. Er ist vom Dach des Hotel Martianez aus gut zu sehen, im Gegensatz zu verschiedenen anderen Drachenbäumen auf diesem Grundstück, die südlicher als das Haus liegen. Stamm 3,20 m hoch, teilt sich in 8 Äste. Die zweite Teilung folgt in sehr kurzem Abstande auf die erste. Im ganzen 4—5 Blüteperioden. Die Äste sind lang, schlank, und steigen höchst gleichmäßig, kandelaberartig gebogen von der ersten oder zweiten Teilungsstelle aus empor. Gesamthöhe 8,5 m, Umfang 1,2 m über dem Boden 2,59 m, dieses ist der größte Umfang. 2,0 m über dem Boden ist der Umfang 2,01 m.

VI. Bäume, die sechs- bis siebenmal geblüht haben.

Nr. 12. Baum im Garten des Grundstückes Calle S. Antonio 6 in Icod de los Vinos. Das Grundstück wird la casa ariba genannt. Baum steht am Rande einer kleinen Terrainstufe im Bananen- und Gemüsegarten. Der Nordteil liegt tiefer. Als Nullpunkt der Messungen gilt die Fläche an der höher gelegenen Südseite. Die Rinde des Baumes ist an der Südostseite unten in ziemlicher Ausdehnung verkohlt und zwar frisch.

Teilungen sehr regelmäßig, 7 Blüteperioden. In einer ganzen Anzahl von Zählungen niemals 8 gezählt. Stamm 8 m hoch, teilt sich in 6 starke Äste. Gesamthöhe 12—14 m.

Umfang 1,0 m über dem Boden 5,75 m
1,5 „ „ „ „ 5,43 „
2,0 „ „ „ „ 4,72 „

VII. Bäume, die acht- bis zehnmal geblüht haben.

Nr. 13. Der kleinere Baum von Realejo bajo. Im unteren Teil des Ortes nahe der Fahrstraße in einem Privatgrundstück gelegen. Der Baum wird von der Fahrstraße aus gut sichtbar, sobald man in den Barranco westlich des Ortes eintritt.

Sehr gleichmäßig und schön entwickelt. Stamm 3,5 m hoch, teilt sich in 6 Äste. Höhe bis zum Rande der Krone 10 m, Gesamthöhe etwa 12 m.

Umfang 1,5 m unter der Teilung, 2,0 m über dem Boden 4,78 m
2,5 „ „ „ „ , 1,0 „ „ „ „ 6,60 m.

Zahl der Blüteperioden 8, an einigen Ästen nur 7. In 1 m Höhe über dem Boden verdicken noch Wurzeln den Stamm, in 2 m Höhe reine Stammdicke.

Der Baum hat angeblich im vorigen Jahr (1924) reichlich geblüht, in diesem Jahre noch nicht.

Nr. 14. Der große Baum von Realejo bajo im obersten Teil des Ortes vor dem Eingang zum Kirchhof gelegen.

Sehr regelmäßig gewachsen, der schönste Drachenbaum der Insel. Stamm 6 m hoch, teilt sich in 6 Äste. Gesamthöhe 15 m. Zahl der Blüteperioden 9. Die Zahlen schwanken zwischen 6 und 13. In der letzten Zahl sind einige monopodiale Verzweigungen enthalten.

Umfang 1,0 m über dem Boden 6,82 m
1,2 „ „ „ „ 6,45 „
2,0 „ „ „ „ 5,53 „

unmittelbar über dem Boden (10 cm hoch) beträgt der Umfang 11,05 m.

Nr. 15. Der große Baum von Laguna. Auf dem Grundstück des Priester-Seminars an der Kirche S. Domingo.

An dem Baum hängt ein Schild, das sein Alter auf 1500 Jahre angibt. Es wird als Beweis für das hohe Alter angeführt, daß zur Zeit der Eroberung der Baum schon so bedeutend gewesen sei, daß das Grundstück, auf dem er steht, als „finca del drago“ bezeichnet worden sei.[1]) Es braucht wohl nicht näher ausgeführt zu werden, daß, selbst wenn dieser Name aus dem Ende des 15ten Jahrhunderts belegt sein sollte, jeder Nachweis fehlt, daß es sich um dasselbe Individuum gehandelt hat. Ich halte den Baum für den jüngsten unter den großen Drachenbäumen. Messungen aus früherer Zeit liegen nicht vor, doch zeigt ein Vergleich der Photographien, die Hans Meyer 1894 und Pitard und Proust[2]) 1905 aufgenommen haben, mit dem jetzigen Aussehen, daß der Baum in diesen 20 oder 31 Jahren erheblich gewachsen ist. Nach den Bildern würde ich die Zahl seiner Blüteperioden auf 5 bis 6 schätzen, während ich jetzt 8 Perioden feststellen konnte, die höchste Zahl betrug 11. Danach hätte er in höchstens 31 Jahren durchschnittlich $2^1/_2$ mal an jedem Aste geblüht.

Der Stamm ist 2,22 m hoch und teilt sich in 6 mächtige Äste, zwischen denen die gewaltige Narbe des ersten Blütenstandes der Betrachtung leicht zugänglich ist. Ich möchte dies besonders feststellen gegenüber einer Bemerkung bei Schenk[3]), daß der Baum den Eindruck mache, als sei er durch Verwachsung aus mehreren Bäumen hervorgegangen, was keineswegs der Fall ist. Die Höhe beträgt bis zum Rande der Krone 4,4 m, die Krone ist sehr stark gewölbt und ebenfalls 4,4 m hoch, so daß die Gesamthöhe 8,8 m beträgt. Der kurze Stamm wird am besten an seiner dünnsten Stelle gemessen 1,34 m über dem Boden gerade oberhalb einer starken Auftreibung in etwa südöstlicher Richtung. Der Umfang

---

[1]) S. Samler Brown l. c. 8. l. 26.

[2]) Les Iles Canaries. Flore de l'archipel. Paris, bei Paul Klincksieck. Pl. XVIII.

[3]) l. p. p. 269.

beträgt an dieser Stelle 6,64 m. Der Baum blühte im September 1925 reichlich, die einzelnen Teile der Krone übrigens verschieden dicht. Eine Zählung über den größten Teil des Umfanges (der Rest war wegen einer Mauer nicht aus günstiger Entfernung zu sehen) ergab, wie oben erwähnt, 30 % der Sprosse in Blüte. Hat der Baum in den letzten 31 Jahren an jedem Sproß durchschnittlich $2^1/_2$ mal geblüht, so müßte er alle vier Jahre so reichliche Blüten tragen, wie im Sommer 1925.

Es ist bemerkenswert, daß CHRIST 1884[1]) den Drago von Laguna nicht erwähnt. Er sagt, daß nach dem Fall des Riesenbaumes von Villa Orotava die Bäume von Realejo und Icod die größten seien. Heute, 41 Jahre später, ist der Drago von Laguna viel berühmter, als der von Realejo, und wenn man die „größten" Drachenbäume aufzählt, würde man ihn wohl an zweiter Stelle nennen und ihn ganz sicher nicht unerwähnt lassen.

VIII. Bäume, die mehr als neunmal geblüht haben.

Nr. 16. Baum an der Südseite des Weges, der an der nördlichen Umfassungsmauer des Botanischen Gartens bei Puerto Orotava entlang führt. Von der Fahrstraße aus 82 Schritt = 55 bis 60 m nach Osten. [Es steht vor dem gemessenen Baum, der Straße etwa 13 m näher noch ein Drago, der einen recht kümmerlichen Eindruck macht.] Von den ursprünglichen 7 Teilästen sind zwei ausgefault. Der Baum steht fast ganz in einer Terrasse von 80 cm Höhe. Dieser Baum soll nach Schätzungen 200 Jahre alt sein, nach Angaben des Direktors des Botanischen Gartens, dessen Wohnung er gegenüber liegt, hat er in den letzten 17 Jahren nicht geblüht. Eine Abbildung dieses Baumes findet sich im „Catálogo de las plantes existentes en el jardin de aclimatación de La Orotava".[2]) Die Narbe der ersten Blüte liegt 2,0 m über der Terrasse, d. h. 2,8 m über dem Boden. Zahl der Blüteperioden 9 bis 11. Gesamthöhe 8,4 m, Umfang 0,4 m über der Terrasse [also 1,20 m über dem Boden], 3,12 m. Der Stamm ist elliptisch, die große Axe steht ost-westlich.

Nr. 17: Der große Drago von Icod de los Vinos. Vor einigen Jahren zum National-Monument erklärt. Angebliches Alter 3000 Jahre. Steht 70 m von der Kirche entfernt jetzt auf einem neu hergerichteten Platze. Es hat eine Änderung der Bodenhöhe stattgefunden, wahrscheinlich schon vor der Neugestaltung des Platzes im Jahre 1923. Dadurch ist der Nullpunkt aller früheren Messungen verwischt. An dem Baume finden sich in 2 m Höhe über dem jetzigen Bodenniveau an der Nordseite des Stam-

[1]) CHRIST, l. c. S. 471.

[2]) Madrid, Imprenta de Los Hijos de M. G. Hernández. 1923.

mes, rund um den Baum laufend, alte, von Wundkallus eingefaßte Kerben, die zweifellos die Marken der früheren Messungen sind, die 2,8 m über dem damaligen Boden in den Jahren 1857, 1884 und 1889 ausgeführt sind. Damit ist ein fester Punkt für die Nachmessung gewonnen. In dem mächtigen Sockel des Baumes stecken im S. W. Reste einer Mauer, in wechselnder Höhe bis zu 1,75 m über dem heutigen Bodenniveau an dieser Seite. Der Boden an der Nordseite, den ich als Nullpunkt meiner Angaben wähle, liegt etwas tiefer als der Boden im S. W. und zwar 22 cm. Der Stamm ist 7 m hoch und teilt sich in 7 Äste. Die Gesamthöhe des Baumes beträgt ca. 22 m. Der Umfang wurde gefunden:

1 m über dem Boden der Nordseite, 0,78 m hoch an der Mauer (s. o.)	17,45 m
1,5 m über dem Boden	16,00 „
2,0 „ „ „ „	15,11 „
(früher 2,8 m!)	
2,80 m über dem Boden	11,18 „
2,92 „ „ „ „	10,77 „
3,32 „ „ „ „	10,00 „.

Alle diese Messungen sind an dem sockelartigen unteren Stammstück ausgeführt. Eine weitere Messung an der dünnsten Stelle des säulenförmigen Schaftes, unter der Stelle, wo die Ausbildung der Äste den Querschnitt vergrößert, ergibt in 4,17 m Höhe über dem Boden der Nordseite einen Umfang von 7,85 m.

Es sind eine ganze Anzahl vertrockneter Blütenstände an dem Baum festzustellen. Nach Mitteilung des Direktors des Botanischen Gartens hätte er im vorigen Jahre (1924) sehr reichlich geblüht und blühe überhaupt häufig.

Im Verlag von Walter de Gruyter & Co. vormals G. J. Göschen'sche Verlagshandlung — J. Guttentag, Verlagsbuchhandlung — Georg Reimer — Karl J. Trübner — Veit & Comp., Berlin erschienen

Abteilung A. Mathematisch-physikalische Wissenschaften.

Jahrgang 1922.

1. PERRON, OSKAR. Neue Summationsmethoden und Entwicklungen nach Polynomen. Reichsmark 0·30
2. PERRON, OSKAR. Über transzendente Funktionen auf RIEMANNschen Flächen Reichsmark 0·60
3. BALDUS, RICHARD. Über die singulären Punkte reeller Parameterkurven. Reichsmark 0·50

Jahrgang 1923.

1. DEECKE, W. Mitteleuropäische Meeresströmungen der Vorzeit. Reichsmark 0·60
2. LIEBMANN, HEINRICH. Die LIE'sche Cyklide und die Inversionskrümmung. Reichsmark 0·40
3. PERRON, OSKAR. Über Gleichungen ohne Affekt. Reichsmark 0·40
4. LIEBMANN, HEINRICH. Beiträge zur Inversionsgeometrie III. Reichsmark 0·40
5. KRATZERT, J. Beitrag zur Kenntnis des Andesins von Bodenmais. Reichsmark 0·50

Jahrgang 1924.

1. TH. CURTIUS und A. BERTHO. Einwirkung von Stickstoffkohlenoxyd und von Stickwasserstoffsäure unter Druck auf aromatische Kohlenwasserstoffe. Reichsmark 0·50
2. LIEBMANN, HEINRICH. Umkehrung des Variationsproblems der ebenen Affingeometrie. Reichsmark 0·60
3. SALOMON, WILHELM. Die Intensitäten alluvialer und diluvialer geologischer Vorgänge und ihre Einwirkung auf die pliocäne Rumpffläche des Kraichgaues und Odenwaldes. Reichsmark 1·20
4. HEFFTER, L. Zur absoluten Geometrie. Reichsmark 0·60
5. VAN WERVEKE, L. Über die Entstehung der lothringischen Lehme und des mittelrheinischen Lößes. Reichsmark 1·50
6. KRULL, WOLFGANG. Die verschiedenen Arten der Hauptidealringe. Reichsmark 0·50
7. ROESER, ERNST. Übergang von der nichteuklidischen Streckentrigonometrie zur Winkelmessung. Reichsmark 0·30
8. WELLSTEIN, JULIUS. Zur Differentialgeometrie der isotropen Kurven. Reichsmark 1·50

9. Ewald, Rudolf. Die geodynamischen Erscheinungen des krystallinen Odenwaldes als Beispiel einer geoisostatischen Ausgleichsschwingung. Reichsmark 1·50
10. Voelcker, Ilse. Über eine ganz junge Verwerfung bei Rauenberg im Kraichgau. Reichsmark 0·30
11. Liebmann, Heinrich. Die Aufschließung von Differentialinvarianten. Reichsmark 0·50

Abteilung B. Biologische Wissenschaften.

Jahrgang 1923.

1. Kossel, A. und R. E. Gross. Über die Darstellung und quantitative Bestimmung des Arginins. Reichsmark 0·30

Von Jahrgang 1925 ab findet die Trennung in Abteilung A und B nicht mehr statt.

Jahrgang 1925.

1. Heffter, Lothar. Zur absoluten Geometrie II. Reichsmark 0·50
2. Roeser, Ernst. Die komplementären Figuren der nichteuklidischen Ebene. Reichsmark 0·50
3. Fladt, Kuno. Neuer Beweis für die Zuordnung von rechtwinkligem Dreieck und Spitzeck in der hyperbolischen Elementargeometrie. Reichsmark 0·30
4. Salomon, Wilhelm. Beobachtungen über Harnische. Reichsmark 0·70
5. Loewy, A. Beiträge zur Algebra. 1—4. Reichsmark 1·—
6. Hellpach, Willy. 2. Mitteilung zur Physiognomik der deutschen Volksstämme. Reichsmark 0·30
7. Loewy, Alfred. Neue elementare Begründung und Erweiterung der Galoisschen Theorie. Reichsmark 2·—
8. Curtius, Theodor und Bertho, Alfred. Einwirkung von Stickstoffkohlenoxyd und von Stickstoffwasserstoffsäure unter Druck auf aromatische Kohlenwasserstoffe. Reichsmark 0·40
9. Roeser, Ernst. Die gnomonische Projektion in der hyperbolischen Geometrie. Reichsmark 0·70
10. Rasch, G. Über die Ausnützung der Gezeiten des Meeres zur Energiegewinnung. Reichsmark 0·80
11. Salomon, Wilhelm. Magmatische Hebungen. Reichsmark 1.20
12. Pütter, A. Altersbestimmungen an Drachenbäumen von Tenerife. Reichsmark 0·90

Abhandlungen der Heidelberger Akademie der Wissenschaften

Mathematisch-naturwissenschaftliche Klasse

Abteilung A

12. Mohr, Ernst. Über den Zusammenhang zwischen der Struktur und den morphologischen Merkmalen des Diamanten. 1924. Reichsmark 3·50

Druck: Hermann Böhlaus Nachfolger Hof-Buchdruckerei G. m. b. H. Weimar.

Zeitfracht Medien GmbH
Ferdinand-Jühlke-Straße 7
99095 Erfurt, Deutschland
produktsicherheit@kolibri360.de